BEI GRIN MACHT SICH IHR WISSEN BEZAHLT

- Wir veröffentlichen Ihre Hausarbeit, Bachelor- und Masterarbeit

- Ihr eigenes eBook und Buch - weltweit in allen wichtigen Shops

- Verdienen Sie an jedem Verkauf

Jetzt bei www.GRIN.com hochladen und kostenlos publizieren

Sven-David Müller

Zink, Zinkhistidin, Zinkmangel und Zink in der Diätetik

GRIN Verlag

Bibliografische Information der Deutschen Nationalbibliothek:

Die Deutsche Bibliothek verzeichnet diese Publikation in der Deutschen National-
bibliografie; detaillierte bibliografische Daten sind im Internet über http://dnb.d-
nb.de/ abrufbar.

Impressum:

Copyright © 2011 GRIN Verlag GmbH
Druck und Bindung: Books on Demand GmbH, Norderstedt Germany
ISBN: 978-3-640-83956-8

Dieses Buch bei GRIN:

http://www.grin.com/de/e-book/166791/zink-zinkhistidin-zinkmangel-und-zink-in-
der-diaetetik

Zinkmangel: Ursachen – Symptome – Therapie

Grenzwertiger Zinkmangel und suboptimale Zinkversorgung sind nicht nur aus Entwicklungsländern bekannt, sondern stellen auch in industrialisierten Ländern ein Problem dar. Risikogruppen, die von einer optimierten Zinkversorgung besonders profitieren würden, sind unter anderem Diabetiker, Allergiker, Neurodermitiker, Psoriasiskranke, Patienten mit chronisch-entzündlichen Erkrankungen, Rekonvaleszente, Sportler, stillende und schwangere Frauen, Senioren sowie Kinder in Wachstumsphasen. Für diese Gruppen kann sich eine ungenügende Zinkversorgung unmittelbar auf den Gesundheitszustand auswirken. Ernährungsmediziner empfehlen daher für Risikogruppen die Supplementation mit Zinkpräparaten. Die hier verfügbaren Arzneistoffe unterscheiden sich teilweise erheblich in ihrer Bioverfügbarkeit. Insbesondere Zink-Histidin und andere organische Zinkverbindungen zeichnet sich durch eine besonders effektive Beeinflussung physiologischer Resorptions-, Verteilungs- und Eliminationsprozesse aus. Mit diesem Komplex lassen sich die ausgeprägt antioxidativen, antiallergischen und entzündungshemmenden Effekte des Mineralstoffs und der essentiellen Aminosäure sinnvoll nutzen.

Verschiedene Fachgesellschaften warnten unlängst vor einer Mangelversorgung mit essentiellen Nährstoffen, ausgelöst durch plötzliche Änderung der Ernährungsgewohnheiten (7). Aufgrund der aktuellen Krisen in der Landwirtschaft (BSE, Maul- und Klauen-Seuche, Massentierhaltung, Antibiotika und andere Arzneimittel als Masthilfen) ist in der Bevölkerung ein rückläufiger Fleischkonsum zu beobachten, der sich auch auf die Versorgung mit essentiellen Nährstoffen auswirken kann. Von diesen Entwicklungen vor allem betroffen ist das Spurenelement Zink.

Der Zinkstatus bei Menschen wird in erster Linie von drei Faktoren beeinflusst (45):
- o   Ausmaß der Zinkzufuhr
- o   gesteigerte Zinkverluste oder höherer Zinkbedarf bei bestimmten Erkrankungen
- o   gesteigerte Zufuhr von Inhibitoren der Zinkaufnahme mit der Nahrung.

Vom reinen Mineralstoff-Gehalt eines Nahrungsmittels kann man keine Rückschlüsse auf dessen Nutzbarkeit als Zinkquelle ziehen. Zahlreiche Lebensmittel enthalten Zink, so neben Fleisch auch Fisch, Obst, Gemüse und Getreide. Die Zusammensetzung der Nahrung beeinflusst jedoch die Resorption des Mineralstoffs aus dem Dünndarm, und somit dessen Bioverfügbarkeit. So wird Experimenten zufolge aus Fleisch 68% der darin enthaltenen Zinkmenge resorbiert, aus Weizen hingegen lediglich 18%.

Generell ist Zink aus pflanzlichen Nahrungsquellen schlecht verfügbar. Verantwortlich für diesen Effekt sind insbesondere Phytate vom Typ des Inositol-penta- bzw. –hexaphosphates. Diese bilden mit Zink im Darm schwerlösliche, und daher nicht resorbierbare Zink-Phytat-Komplexe. Vegetarier nehmen mit der Nahrung pro Tag ca. 2,5 Gramm Phytinsäure auf. Sie sollten daher auf die Notwendigkeit einer Zinksupplementation hingewiesen werden.

Die Zufuhr von Zink kann auch dann ungenügend sein, wenn Analysen der pflanzlichen Kost ausreichende Zinkgehalte andeuten (45). Wenn aufgrund der schlechten Bioverfügbarkeit nur Bruchteile des Zinkgehaltes zur Resorption kommen, kann sich auch bei Ernährung mit scheinbar zinkreichen Lebensmitteln auf Dauer ein Zinkmangel ausprägen (69). Neben den Phytaten behindern auch Oxalat oder Tannine (15) sowie Schwermetalle wie Cadmium (45) die Zinkaufnahme. Allerdings dürfte die Beeinflussung durch Cadmium in der Praxis keine relevante Rolle spielen.

Tabelle 1: Zinkgehalt pro 100 Gramm Lebensmittel

Fleischprodukte		Obst und Gemüse	
Schweineleber	6,3 mg	Haferflocken	4,3
Rinderfilet	4,4 mg	Weizen	4,1 mg
Schweinefilet	1,9 mg	Roggen	3,9 mg
Putenbrust	1,8 mg	Erbsen (getrocknet)	3,5 mg
Huhn	1,0 mg	Nüsse	3 mg
Fisch		Spinat	0,6 mg
Lachs	0,8 mg	Broccoli	0,6 mg
Forelle	0,5 mg	Grüne Bohnen	0,3 mg
Milchprodukte		Bananen	0,2 mg
Emmentaler	4,7 mg	**Brot**	
Gouda-Käse	3,9 mg	Brötchen	1,1 mg
Milch	0,4 mg	Toastbrot	0,2 mg

Gegenseitige Resorptionshemmungen bei Mineralstoffen

In Publikationen wird auf die wechselseitige Resorptionshemmung zwischen Kupfer und Zink sowie Eisen und Zink regelmäßig hingewiesen (23). Die Relevanz dieser Wechselwirkungen ist aber eher zweifelhaft (69). So beobachteten Sullivan et al. (73) im Rahmen Ihrer Bioverfügbarkeitsstudie mit Zinksulfat keinerlei Beeinflussung des Kupfer-, Calcium- und Magnesiumspiegels trotz Verabreichung der relativ hohen Dosis von 50 mg Zinkäquivalenten in einer Einmaldosis.

Auch die bei gleichzeitiger Gabe von Eisen und Zink beobachtete Hemmung der Zinkresorption tritt möglicherweise nur unter den artifiziellen Bedingungen des Probandenversuchs auf. Solomons & Jacob (70) stellten fest, dass hochdosiertes anorganisches Eisen die Zinkaufnahme hemmte, gemessen an der Veränderung des Plasma-Zinkspiegels innerhalb von vier Stunden nach oraler Einnahme von Zink. Die Untersucher verabfolgten an erwachsene, nüchterne Probanden jeweils 25 mg Zink in Form von Zinksulfat und Eisen in einer Dosis von 25, 50 oder 75 mg. Bereits bei 25 mg Eisen war die Zinkaufnahme signifikant niedriger als bei den Kontrollpersonen. Unter physiologischeren Bedingungen scheint dieser Effekt jedoch weniger stark ausgeprägt zu sein (63), und bei Zugabe von Histidin zur Testdosis sogar dann aufgehoben, wenn das Dosisverhältnis zwischen Eisen und Zink mit 25:1 in unphysiologischen Bereichen lag. Dieses Ergebnis wurde mittlerweile in verschiedenen tierexperimentellen und klinischen Untersuchungen mit Radioisotopen bestätigt (z.B. (18;24)). Eisen und Zink können in pharmazeutischen Zubereitungen bedenkenlos gemeinsam eingesetzt werden (45). Auch die Langzeiteinnahme von Eisen- und/oder Zinksupplementen hat keinen negativen Einfluss auf den Versorgungsstatus beider Mineralstoffe (45;63). Dennoch empfiehlt es sich, die Einnahme von Kupfer- oder Eisen-Supplementen zeitlich von der von Zinksupplementen zu trennen.

Funktionen von Zink im Organismus

Zink ist an zahlreichen Stoffwechselvorgängen unmittelbar beteiligt (64): Die optimale Funktion vieler Enzyme wie z.B. Hydrolasen, Isomerasen, Lyasen und Oxidoreduktasen ist nur bei einem ausreichenden Zinkstatus gewährleistet. Bis heute sind über 300 verschiedene Enzymsysteme bekannt, für deren Funktionsfähigkeit Zink zumindest zum Teil mit verantwortlich ist. Der Mineralstoff nimmt dabei direkt an der Umsetzung der Substrate teil, oder er stabilisiert als Strukturkomponente die Quartärstruktur der Enzyme. Zink ist auch Bestandteil der Enzyme, die für die Ablesung der genetischen Informationen und deren Umsetzung in Proteine verantwortlich sind. Diese Vielzahl von Funktionen ist – neben den Schwierigkeiten bei der analytischen Bestimmung des Zinkstatus – eine Erklärung dafür, weshalb Zinkmangelzustände selten spezifische Symptome zur Folge haben und daher so schwer zu erkennen oder zuzuordnen sind.

Ursachen für Zinkmangel

Neben dem bereits erwähnten Zinkmangel aufgrund einer überwiegend oder rein pflanzlichen Ernährung können auch andere Faktoren zu einer verminderten Aufnahme oder erhöhten Ausscheidung von Zink führen, und so Zinkmangelsymptome verursachen.

Tabelle 3: Mögliche Ursachen für Zinkmangel (nach (64)).

Ernährungsbedingt	
Einseitig vegetarische Ernährung	Komplexierung im Darm durch Phytinsäure, zu geringe Aufnahme
chronischer Alkoholmissbrauch	erhöhte Ausscheidung über die Nieren
Nulldiät	keine Zinkzufuhr, verstärkte Ausscheidung durch Abbau von Muskelmasse
Schwangerschaft und Stillzeit	„Mitversorgung" des Kindes durch die Mutter
Sportliche Aktivität	Verluste über den Schweiss
Fortgeschrittenes Alter	Erhöhter Verbrauch, Fehldiät
Erkrankungs- oder Arzneimittelbedingt	
Tumorerkrankungen, AIDS, schwere Infekte	verstärkte Ausscheidung durch Abbau von Muskelmasse, ggf. zu geringe Zufuhr
Diabetes mellitus	erhöhte Verluste über die Nieren
Leberfunktionsstörungen/Leberzirrhose	erhöhte Verluste
Nierenfunktionsstörungen	erhöhte Verluste
Morbus Crohn, Zöliakie	verminderte Resorption, erhöhte Verluste
Entzündliche Hauterkrankungen	erhöhte Verluste durch Hautabschuppung, Zinkmangelsymptom
Allergien	erhöhter Zinkumsatz, Zinkmangelsymptom
Chemo- oder Strahlentherapie	erhöhte Verluste
Therapie mit Corticoiden oder Einnahme der Pille	erhöhte Verluste durch hormonelle Stoffwechselverschiebungen
Eisenpräparate	Verdrängung von Zink durch Eisen
Amalgam-Sanierung	Ausscheidung zusammen mit Quecksilber

Typische Zinkmangelsymptome an Haut, Haar und Nägeln

Ein hoher Prozentsatz der Zinkvorräte im Organismus befindet sich in der Haut und ihren Anhangsgebilden. Dies erklärt, warum Zinkmangel so häufig in Zusammenhang mit dermatologischen Veränderungen gebracht wird. Der Mineralstoff ist als Stukturkomponente am Aufbau verhornter Gewebe beteiligt. Eine Reihe von Symptomen, scheinbar kosmetischen Problemen und Befindlichkeitsstörungen, die neben den körperlichen Beschwerden häufig auch zu erheblichen psychischen Belastungen und einem hohen Leidensdruck führen, gehen zumeist mit einem mehr oder minder ausgeprägten Zinkmangel einher. Beispiele sind:

- brüchige Haare und Nägel
- hartnäckige Akne
- Haarausfall bis hin zur Alopezie
- Verschlechterung der Symptomatik bei Psoriasis oder Neurodermitis
- lokal auftretende, schuppige Hautentzündungen vor allem an Mundwinkeln, Nasenfalte oder hinter dem Ohr
- Entzündungen der Schleimhäute in Mund und Rachen
- verlangsamte Wundheilung und Neigung zu Hautpilzinfektionen

Bei Hauterkrankungen, die von einer starken Abschuppung begleitet sind (z.B. Psoriasis und Neurodermitis), kann sich eine Art Teufelskreis ausbilden: Zinkmangel verstärkt die Schuppenbildung, und mit der Hautabschuppung geht dem Organismus weiteres Zink verloren. Den Betroffenen kann eine zusätzliche Zinkgabe in Form arzneilich zugelassener Präparate Erleichterung verschaffen.

Zinkmangel und Immunsystem
Die Wirkung von Zink gegen ständig wiederkehrende Infekte ist bereits seit Jahren dokumentiert und dürfte zu den bekanntesten Effekten von Zink zählen. Die positiven Effekte von Zink bei Erkältungserkrankungen werden offensichtlich über verschiedene Mechanismen vermittelt: Zink besitzt bereits in physiologischer Konzentration antiallergische und antiinflammatorische Effekte, insbesondere durch Hemmung der Histaminfreisetzung aus basophilen Granulozyten (48). Zink hat adstringierende Eigenschaften. Das Spurenelement trägt auf diese Weise zur Bildung einer Koagulationsmembran auf entzündeten Schleimhäuten bei. Möglicherweise wird so die Adhäsion von Viren an die Schleimhäute der Atemwege, und das Eindringen in die Zellen erschwert (40). Rhinoviren weisen zudem offensichtlich eine beträchtliche Anzahl von Zinkbindungsstellen auf, die bei Besetzung durch Zink Adhäsion und Eindringen der Viren in die Schleimhäute verhindern (40). Zinksalze hemmen die Replikation von Rhinoviren in vitro in einer Konzentration von 0,1 mmol/l (43).

Der Nutzen einer Zinkzufuhr zur Prophylaxe von Erkältungskrankheiten wird dadurch unterstrichen, daß bei Zinkmangel Schleimhautatrophie und Epithelschäden auftreten, auch an den Schleimhäuten von Gaumen, Mund, Rachen und Nasennebenhöhlen (53;57;58;80;81).

Mehrere klinische Studien untermauern den Einsatz von Zink zur Prophylaxe und Therapie virusbedingter Erkältungen (4;40;41;46;47;55;56). In einer placebo-kontrollierten Studie erhielten 100 Angestellte einer Klinik, bei denen sich während der letzten 24 Stunden Erkältungssymptome eingestellt hatten, tagsüber 13,3 mg Zink oder Placebo. Basierend auf den Evaluierungen der Symptome Husten, Kopfschmerzen, Nasenlaufen, verstopfte Nase, Halsschmerzen, Niesen und Fieber, verkürzte sich die Erkältungsdauer durchschnittlich von 7,6 Tagen auf 4,4 Tage (52).

Ärzte der Universität Detroit, USA, erbrachten den bislang überzeugendsten Beweis, dass die Einnahme von Zink Dauer und Schweregrad einer Erkältung selbst dann drastisch reduziert, wenn die Erkrankung bereits ausgebrochen ist. Sie veröffentlichten die Ergebnisse einer placebo-kontrollierten, klinischen Doppelblindstudie an 50 Patienten (60), die je zur Hälfte Placebo oder Zink (ca. 13 mg alle 2-3 Stunden) erhielten. Die Einnahme begann innerhalb von 24 Stunden nach Einsetzen der Symptome: Niesen, Nasenlaufen, Nasenverstopfung, Rachenentzündung, Halskratzen, Husten, Heiserkeit, Muskelschmerz, Fieber und Kopfschmerzen. Im Vergleich zu den Patienten, die Placebo erhielten, kam es unter Zink-Einnahme praktisch zu einer Halbierung der Erkrankungsdauer von 8,1 auf 4,5 Tage. Die Husten-Dauer verkürzte sich von 6,3 auf 3,1 Tage. Auch die Schwere der Symptome verringerte sich hochsignifikant (p < 0.002).

Zink besitzt direkte Antivirus-Wirkungen, stärkt die Immunabwehr und hemmt Botenstoffe der Entzündung (sog. Cytokine). Einige frühere Studien scheiterten nach Auffassung der amerikanischen Untersucher bislang daran, dass Zink nicht ausreichend dosiert war und nicht genügend „bioverfügbares" Zink zur Verfügung stand (60).

Allergien und Asthma
Die positiven Effekte von Zink auf das Immunsystem stehen heute außer Frage. Wissenschaftlich seit ca. 20 Jahren dokumentiert (z.B. (21;25;26;32;33;48;49)) sind die direkten antiallergischen Effekte von Zink bei Heuschnupfen und Konjunktivitis.

Zinkmangel führt zu einer Exaggeration allergischer Krankheiten (21). Unmittelbarer Auslöser allergischer Anfälle bei Kontakt zu einem Allergen ist die Freisetzung von Histamin aus den sogenannten Mastzellen. Die Histaminfreisetzung aus humanen Basophilen wird durch Zinkgabe dosisabhängig gehemmt (48). Zink hemmt auch die Degranulation von Basophilen von Patienten mit allergischem Bronchialasthma (9). Die Wirkung von Zink auf Mastzellen, Makrophagen und Neutrophile ist mit der von Cromoglicinsäure vergleichbar – Zink beugt Heuschnupfenanfällen effektiv vor (33;76;77).

Zinkmangel ist ein pathognomonischer Mangelzustand bei Allergien (10;71;72). So fanden sich bei allergischen Kindern (Asthma, Ekzem) signifikant niedrigere Zinkkonzentrationen im Haar (p<0,05) als bei gesunden Kontroll-Kindern (19). El Kholy et al. (21) führten eine vergleichende Studie an zwei Gruppen von Kindern im Alter von 2 bis 12 Jahren durch. Die Patienten litten an Bronchialasthma oder allergischer Dermatitis. Die Kontrollgruppe bestand aus gesunden Kindern. Untersucht wurde die Zinkkonzentration in Serum und Haaren. Die Zinkkonzentrationen der kranken Kinder waren hochsignifikant (p<0,001) niedriger als die gesunder Kinder. Der Nachweis eines Zinkmangels in Haaren war dabei deutlich sicherer als der aus Blutproben. Dies wird auch durch die Untersuchungen von Di Toro bestätigt (19). Dies kann dazu führen, dass auch ein ausgeprägter Zinkmangel im Augenblick der Testung nicht erkannt wird. Da die übliche Bestimmung nach wie vor die Messung in Blutproben ist, ist verständlich, warum die Diagnose eines Zinkmangels trotz deutlicher klinischer Hinweise und Symptome vielfach noch Schwierigkeiten bereitet. Angesichts der schützenden Effekte von Zink vor allergischen Anfällen empfehlen die Untersucher generell die Einnahme von Zinkpräparaten in ausreichender Dosis.

Bei Kindern mit schwer verlaufender Neurodermitis sind Zinkmangelzustände besonders auffällig (22). Die Serum-Zink-Konzentration war auch bei Patienten mit Asthma bronchiale signifikant geringer (p<0.01) als bei Kontroll-Personen (9). Auch Guerrier et al. wiesen Zinkmangel an Kindern mit allergischen Erkrankungen nach (31). Nicht zuletzt bestätigen die Ergebnisse von David et al. (17) und Mongy (51), dass Allergien mit vermindertem Zinkspiegel einhergehen, vor allem bei Kindern mit allergischen Ekzemen.

Eine signifikante Absenkung der Serum-Zink-Konzentrationen bei allergischen Erkrankungen wurde auch von Bor et al. Festgestellt (10). Die orale Zink-Supplementierung führte bei diesen Patienten zu einer signifikanten klinischen Besserung. Konsistent mit diesen Befunden ist auch die Beobachtung, dass eine Hypozinkämie offensichtlich auch zu einer Aggravierung bestehender allergischer Symptome führt (21).

Die Zugabe von Zink zur antiallergischen Basisformulierung zeigte in einer klinischen Untersuchung sehr gute Effekte bei saisonaler allergischer Konjunktivitis (26). Im Falle des Heuschnupfens verschlechtert Zinkmangel neben den Heuschnupfensymptomen auch die Begleiterscheinungen am Auge, z.B. Hornhaut- oder Bindehautentzündungen. Von den Patienten zeigten 90% eine gute bis sehr gute Besserung der Bindehautentzündung, sowie 73,5% eine entsprechende Verbesserung der Heuschnupfensymptomatik. Zink wird als adjuvante medikamentöse Therapie bei allergischen Krankheiten empfohlen (21).

Zu dem direkten antiallergischen Effekt von Zink trägt im Komplex Zink-Histidin die antientzündliche und antiallergische Eigenwirkung der Aminosäure bei. Histidin greift steuernd in die Bildung von Serotonin ein, ein Neurotransmitter, der bei allergischen Reaktionen insbesondere an der Entstehung von Juckreiz beteiligt ist (83).

Keine verstärkte Bildung von Histamin durch Histidin
Die Namensverwandtschaft zwischen der Aminosäure Histidin und dem Allergie-Botenstoff Histamin wirft die Frage auf, inwieweit eine Supplementation mit Zink-Histidin nicht die Entstehung von Histamin fördern und somit die Symptomatik von Allergien verstärken

könnte. Dies ist nicht der Fall. Die physiologischen Umwandlungswege von Histidin sind seit langer Zeit Lehrbuchwissen. Der reguläre Abbauweg des Histidins verläuft – typisch für Aminosäuren – über eine oxidative Desaminierung. Dabei entsteht Urocaninsäure, welche als Ausgangspunkt für die Biosynthese von Glutaminsäure, aber auch für den Folsäurestoffwechsel dient (11-13). Die Zufuhr von Histidin führt nicht zur Anreicherung von Histamin in Speichern von immunkompetenten Zellen (z.B. Mastzellen) (83).

Dass auch der an allergischen Reaktionen beteiligte Botenstoff Histamin aus Histidin gebildet wird, ist gleichfalls Lehrbuchwissen. In der Tat entsteht Histamin in einem Seitenweg des Histidinabbaus durch enzymatische Decarboxylierung. Dieser Prozess läuft zu einem gewissen Grad physiologisch in de Geweben ab: je nach Gewebetyp sind bis zu 0,01% Histamin in den Zellen zum Erhalt von deren Funktion erforderlich, vor allem in Lunge, Haut und Gastrointestinaltrakt. Die Steuerung der Bereitstellung von Histamin ist aber weder mit dem Status der Zufuhr von Histidin verbunden, noch mit dem Entstehen einer Allergie (83). Im Gegenteil konnte auch nach Verabreichung von Extremdosen von markiertem Histidin keine vermehrte Bildung von Histamin nachgewiesen werden: die körpereigene Histaminsynthese verläuft somit unabhängig vom aktuellen Histidin-Angebot (12;83;84).

Schwieriger Nachweis von Zinkmangel
Zinkmangel ist mit den Routinemethoden der Laboranalytik in der Praxis kaum nachweisbar (1;82). Bei extremem Zinkmangel, der z.B. im Zusammenhang mit dem kreisförmigen Haarausfall (Alopezia areata) steht, fallen die Untersuchungsergebnisse eindeutig aus. Schwieriger ist der Nachweis des verbreiteten grenzwertigen Zinkmangels, obwohl auch hier eine zusätzliche Versorgung mit Zink angezeigt wäre. Hier ist der Nachweis mit den heute verfügbaren analytischen Routineverfahren fast nicht möglich. Messungen aus Blut- oder Serumproben geben wegen der schnellen Umverteilung von Zink im Organismus keine aussagekräftigen Werte (35). Sicherer, weil weniger Schwankungen unterworfen, ist die Untersuchung von Gewebeproben. Da dieses Vorgehen aber allenfalls für klinische Studien und nicht für die tägliche therapeutische Praxis geeignet ist, wird bisweilen die Untersuchung von Haarproben empfohlen. Haare enthalten Zink als Bestandteil von Strukturproteinen. Weil Haare keinen Stoffwechsel aufweisen, spiegeln sie ein Bild der Versorgungslage der letzten Wochen wider (50). Allerdings sind auch hier die Schwankungen von Mensch zu Mensch sehr groß, wobei die Ursache dieser Unterschiede noch nicht genau bekannt ist.

Bei Verdacht auf Zinkmangel sollte daher der Laboranalytik nicht zuviel Bedeutung zugemessen werden – viele Risikogruppen profitieren auch dann von einer guten Zinkversorgung, wenn die Analysenergebnisse im Einzelfall keinen direkten Hinweis auf einen vorliegenden Zinkmangel ergeben – so das Ergebnis ärztlicher Erfahrungsberichte.

Zink in Supplementen
Zinksupplemente des Handels enthalten den Mineralstoff zumeist in Form anorganischer Salze oder Komplexe mit organischen Säuren und Aminosäuren. Typische Zubereitungsformen sind:

- Zink-Oxid
- Zink-Carbonat
- Zink-Sulfat
- Zink-Gluconat
- Zink-Orotat
- Zink-Aspartat
- Zink-Histidin

Aussagekräftige klinische Untersuchungen liegen dabei offensichtlich nur für wenige Zinkformen vor. Insbesondere für den Komplex aus Zink und Histidin wurden im Vergleich zu Zinksulfat relevante Vorteile hinsichtlich der Bioverfügbarkeit klinisch nachgewiesen.

Zinkoxid

Zinkoxid ist in der Dermatologie als Bestandteil externer Zubereitungen bekannt, zum Beispiel in Wund- und Heilsalben. Es ist aber auch als Wirkstoff für die orale Supplementation gebräuchlich, wo es insbesondere in Nahrungsergänzungsmitteln ohne arzneiliche Zulassung zum Einsatz kommt.

Hinsichtlich der Bioverfügbarkeit wurden in tierexperimentellen Studien Vergleiche mit Zinksulfat veröffentlicht (79) (78). Die relative Bioverfügbarkeit von Zinkoxid lag dabei je nach Versuchsbedingungen zwischen 44% und 67%, bezogen auf Zinksulfat. Berücksichtigt man, dass auch Zinksulfat gegenüber Zink-Histidin nur etwa ein Drittel der Verfügbarkeit aufweist, ist Zinkoxid kein zeitgemäßer Arzneistoff für eine reproduzierbare orale Zinksupplementation. Henderson et al. (1995) verglichen an 10 gesunden Probanden die Plasma-Konzentrationen von Zink nach einmaliger Gabe von Zink in Form von Zinkoxid und Zinkacetat. Diese Autoren bezeichnen Zinkoxid vor allem bei Patienten mit Störungen der Magensäureproduktion als eine ungeeignete Zinkverbindung (36).

Zink-Carbonat

Zink-Carbonat ist kein üblicher Bestandteil von Zinksupplementen (39). Es ist schlecht löslich und keine gute Quelle für die Resorption von Zink (23).

Zinksulfat

Zinksulfat kann für die vergleichende Betrachtung der Bioverfügbarkeit als Referenzpräparat gelten. In einer Reihe von Studien wurde mit diesem Arzneistoff die Abhängigkeit der Zink-Resorption von verschiedenen Faktoren untersucht. Ein Faktor, der die Aufnahme von Zinksulfat eindeutig negativ beeinflusst, ist die Einnahme unmittelbar zu den Mahlzeiten. So fanden Keyzer et al. keine erhöhten Serum-Zinkwerte bei Zufuhr von 50 mg Zinkäquivalenten in Form von Zinksulfat, wenn das Zinkpräparat zum Essen gegeben wurde (42). Dagegen wurde der Serum-Zinkspiegel im Rahmen verschiedener Untersuchungen bei Nüchterneinnahme der gleichen Zinkdosis deutlich gesteigert (42) (73) (59) (69).

Zinkgluconat

Barrie et al. (8) fanden in einer Probandenstudie an 15 gesunden Freiwilligen bei jeweils 4wöchiger, doppeltblinder Verabreichung von Zinkgluconat, Zink-Picolinat, Zink-Zitrat oder Placebo lediglich für das Picolinat eine signifikante Erhöhung der Zinkspiegel in den Haaren, im Urin und den Erythrozyten. Anderen Untersuchungen zufolge scheint die Resorption von Zink aus Zink-Gluconat mit derjenigen von Zinksulfat vergleichbar zu sein (65). Im Rahmen einer Pharmakokinetikstudie untersuchten Neve et al. (1993) an 10 gesunden Probanden die Serum-Zinkprofile nach oraler Gabe von 6 Zubereitungsformen von Zinksulfat und Zink-Gluconat, jeweils verabreicht in einer 45 mg Zink äquivalenten Dosis (54). Untersucht wurden

- o eine wässrige Lösung von Zinksulfat
- o Kapseln mit 45 mg Zink in Form von Zinksulfat ohne Hilfstoffe
- o Kapseln mit jeweils 15 mg Zink in Form von Zinksulfat, ohne Hilfstoffe
- o Kapseln mit 45 mg Zink in Form von Zink-Gluconat, ohne Hilfstoffe
- o Kapseln mit jeweils 15 mg Zink in Form von Zink-Gluconat, mit den Hilfstoffen Weizenstärke, Lactose, Siliciumdioxid und Magnesiumstearat
- o Magensaftresistente Tabletten mit jeweils 15 mg Zink in Form von Zinkgluconat, mit verschiedenen Hilfstoffen, darunter Sorbitol und Polyethylenglykol.

Den Ergebnissen zufolge könnte die Verteilung der gesamten Zinkdosis auf mehrere Einzeldosen die Gesamtverfügbarkeit von Zink steigern. Offensichtlichen Einfluss hatten auch die Hilfstoffe: sie verzögerten die Zinkaufnahme. Das schlechteste Ergebnis lieferten die magensaftresistenten Tabletten. Insgesamt stellten die Autoren eine geringfügig bessere Bioverfügbarkeit von Zink-Gluconat gegenüber Zinksulfat fest.

Zink-Orotat
Orotsäure ist gebräuchlich als Komplexpartner für Mineralstoffe, so zum Beispiel Magnesium, Calcium, Eisen, Kupfer, Lithium oder Zink. Die Verbindung Orotsäure selbst wurde im Rahmen der Kommission B des ehemaligen Bundesgesundheitsamtes negativ monographiert, vor allem aufgrund des unzureichenden Nachweises der klinischen Wirksamkeit (6). Obwohl Zink-Orotat seit Jahren als Mittel zur Zinksupplementation vertrieben wird, scheint die Bioverfügbarkeit vergleichsweise schlecht dokumentiert. Schölmerich et al. (1987) sehen bei dieser Verbindung keinen relevanten Vorteil gegenüber Zinksulfat (65). Andermann und Dietz (1982) untersuchten die Bioverfügbarkeit und Pharmakokinetik von Zink-Panthotenat, Zink-Sulfat und Zink-Orotat nach parenteraler und oraler Gabe am Kaninchen (5). Die Unterschiede in der Bioverfügbarkeit zwischen Zink-Panthotenat und Zink-Sulfat waren nicht signifikant, beide Formen wurden als bioäquivalent betrachtet. Die Plasmakonzentration von Zink-Orotat zeigt nach parenteraler Gabe eine schnellere Distributions- und Eliminationsphase als die der beiden anderen Substanzen, dagegen wurde Zink-Orotat im Vergleich mit den beiden anderen Salzen bei oraler Gabe langsamer resorbiert.

Zink-Aspartat
Die Verwendung von Zink-Aspartat als Zinkquelle geht möglicherweise auf eine ältere tierexperimentelle Arbeit an Kaninchen zurück. Dort wurde eine bessere Resorption von Zinkaspartat im Vergleich zu Zinkchlorid und Zinksulfat festgestellt (44). Im Gegensatz zu diesen Befunden stehen die Versuche von Schwarz und Kirchgessner (1975) an isoliertem Rattendarm. Im Rahmen dieser Versuche wurde gegenüber der Kontrolle keine verbesserte Zinkaufnahme durch Asparaginsäure als Komplex-Ligand nachgewiesen (67). Im Gegensatz dazu erhöhte im gleichen Versuch die Zugabe des Liganden Histidin die Zinkaufnahme um den Faktor 10.

Schölmerich et al. (1987) stellten für Zink-Asparat keinen signifikanten Vorteil gegenüber Zinksulfat oder gar Zink-Histidin fest (65). Duisterwinkel et al. (1986) kamen ein Jahr zuvor bei einer klinischen Untersuchung der Bioverfügbarkeit eines Handelspräparates mit Zink-Aspartat zu einem negativen Urteil: In einer Studie an 7 gesunden Probanden fanden sie bei Gabe von Zink-Aspartat in einer Dosis von 50 mg Zink-Äquivalenten keine signifikant erhöhten Plasmaspiegel, weder bei Nüchterneinnahme noch bei Einnahme zum Essen (20). Aus ihren Ergebnissen folgerten die Autoren, dass Zink aus Zinkaspartat in magensaftresistenter Zubereitung nicht resorbiert wird. Ein Kontrollversuch mit zerstoßenen Tabletten an einem Probanden erbrachte eine Erhöhung der Plasma-Zinkkonzentration in der gleichen Größenordnung, wie sie auch bei Einnahme von Zink-Sulfat beobachtet wird. Duisterwinkel et al. vermuten, dass bei magensaftresistentem Überzug der Zerfall der Filmtablette erst nach Passage der Resorptionsfenster für Zink auftritt. Neuere tierexperimentelle oder klinische Studien scheinen nicht veröffentlich worden zu sein, obwohl Zink-Aspartat seit Jahren zu den Standard-Zinkformen für die Zinksupplementation gerechnet wird.

Zink-Histidin
Die Steigerung der Bioverfügbarkeit von Zink durch Komplexierung mit Histidin war Gegenstand einer Vielzahl tierexperimenteller und klinischer Untersuchungen. Sieht man von

dem üblichen Referenzpräparat Zinksulfat ab, so kann man Zink-Histidin als die am besten untersuchte moderne Zinkform betrachten. Besonders die resorptionsfördernde Wirkung von Histidin, die physiologische Co-Transportfunktion (74) (38) (14) (3) (68) und die gute Verträglichkeit des Komplexes aus Zink und Histidin wird in der medizinischen Literatur immer wieder herausgestellt. An Aminosäuren gebundes Zink weist eine bessere Bioverfügbarkeit auf als anorganische Zinksalze (14). Dies gilt tierexperimentellen Befunden zufolge insbesondere für Histidin (67). Die WHO weist in einer Studie zur Kinderernährung explizit auf Histidin als resorptionsfördernden Komplexpartner für Zink hin, ebenso das britische Gesundheitsministerium in der Ausarbeitung einer Expertengruppe (23;27).

Bessere Zinkresorption durch Kopplung an Histidin
Gute Zinkquellen sind zumeist tierische Produkte, zum Beispiel Rindfleisch oder Milchprodukte. Die darin enthaltenen Aminosäuren, insbesondere Methionin, Cystein oder Histidin haben einen deutlich fördernden Einfluss auf die Zinkaufnahme (45). Diese Aminosäuren können Zink auch in Anwesenheit von Phytaten in gelöster, resorbierbarer Form halten – ein Effekt, der auch für Oligopeptide aus Casein bereits nachgewiesen wurde. Ziel einer pharmakologischen Untersuchung von Schwarz und Kirchgessner aus dem Jahr 1975 war die Messung des Einflusses verschiedener Aminosäuren auf die Aufnahme von Zink aus dem Rattendarm (67). Glycin, Asparaginsäure, Tyrosin, Lysin und Methionin veränderten den intestinalen Zink-Durchtritt im Vergleich zur Kontrolle nicht, Valin, Phenylalanin und Tryptophan nur wenig. Ein leicht verbesserter Zink-Durchtritt wurde für Threonin festgestellt. Dagegen erhöhten Histidin und Cystein den intestinalen Zinkdurchtritt um den Faktor 10 bzw. 14. Auch Wapnir et al. (75) verglichen den Einfluss verschiedener Aminosäuren auf die Zinkresorption der Ratte. Tryptophan, Prolin und Histidin wirkten sich förderlich auf die Zinkresorption aus, dagegen erzielten die Autoren mit Cystein keinen signifikanten Effekt.

Insbesondere die essentielle Aminosäure Histidin weist eine resorptionsfördernde Wirkung für Zink auf (16;23;27;45). Histidin ist ein guter Zink-Chelator, und die Eignung als Zink-Lieferant in Form von Zink-Histidin wurde in klinischen Studien bewiesen. Zinkhistidin ist bei hoher Dosierung renal filtrierbar (86), was eine – beabsichtigte oder versehentliche – Überdosierung mit dieser Zinkform ausschließt. Nicht verwertbare Überschüsse würden renal eliminiert.

Steuerung des Zinkhaushaltes durch Zink-Histidin
Zink liegt im Serum zu einem Drittel fest an α2-Makroglobulin und zu ca. 2/3 in loser Form an Albumin gebunden vor. Ein kleiner Prozentsatz (ca. 2%) des Zinks im Serum ist an freie Aminosäuren gebunden, unter denen vor allem Histidin und Cystein die physiologischen Transportfähren darstellen (3;28;30;61). Histidin und Cystein sind in der Lage, Zink aus der Albuminbindung zu lösen und so einer Verteilung an die Orte des Bedarfs oder der Ausscheidung überschüssiger Mengen zuzuleiten (34).

Histidin und Cystein sind nach Giroux und Henkin (1972) die einzigen physiologisch relevanten Aminosäure-Liganden für Zink im Plasma (30). Die scheinbar geringe Menge freien Zinks im Plasma ist im Sinne des Massenwirkungsgesetzes von ausschlaggebender Bedeutung für die renale Elimination von Zink-Überschüssen (29). Zwei Eliminationsprozesse wurden für Zink nachgewiesen (3) (29): der unspezifische Transport von freien Zinkionen durch ein Carrier-vermitteltes System, sowie ein spezifischer Ausscheidungsweg durch einen Natrium-abhängigen Cotransport, gekoppelt an Histidin oder Cystein. Dieser letztere Eliminationsweg könnte ein Schutzmechanismus des Organismus vor Hyperzinkämien sein, wie sie zum Beispiel bei katabolen Erkrankungen durch Abbau von Muskelmasse auftreten können. Die renale Ausscheidung von überschüssigem Zink wird dabei durch die gleichfalls aus dem Muskel freigesetzten Aminosäuren Cystein und Histidin unterstützt (2;85).

Klinische Untersuchungen mit Zink-Histidin

Patienten mit Lebererkrankungen neigen aufgrund der gestörten Verdauungsprozesse zu Zinkmangel. Hier kommt es besonders auf die Verwendung eines gut bioverfügbaren Supplementes an. Schölmerich et al. untersuchten in diesem Zusammenhang an Patienten mit histologisch nachgewiesener Leberzirrhose die Zinkaufnahme aus Zink-Histidin im Vergleich zu gesunden Kontroll-Probanden (66). Patienten mit Leberzirrhose resorbieren dabei relevante Mengen von Zink-Histidin, wenn auch – erkrankungsbedingt – weniger als die gesunden Kontrollen.

Schölmerich et al. untersuchten weiterhin im Rahmen einer Bioverfügbarkeitsstudie an gesunden Probanden die Unterschiede in der Resorption von Zink-Histidin im Vergleich zu Zinksulfat (65). Gegenüber Zinksulfat steigerte Zink-Histidin die Aufnahme von Zink um 30-40%. Die Gabe von 15 mg Zink-Histidin ergab die gleiche Serum-Zink-Response wie die Einnahme von 45 mg Zinksulfat. Nach Gabe von Zink-Histidin beobachteten die Forscher schnelle Umverteilungsprozesse aus dem Plasma in die Gewebe hinein. Da die renale Zinkausscheidung mit 15 mg Zink-Histidin nicht gesteigert wurde, gehen Schölmerich et al. von einer noch besseren Bioverfügbarkeit aus, als es die Werte andeuten. Therapeutisch spiegelt sich der Vorteil der deutlich besseren Verfügbarkeit von Zink-Histidin in einer besseren Verträglichkeit der Zinktherapie: die von Schölmerich et al. gefundene 3fach überlegene Bioverfügbarkeit von Zink-Histidin gegenüber Zinksulfat macht die Einnahme hoher Dosen anorganischer Zinksalze unnötig.

15 mg Zink in Form von Zink-Histidin entsprechen in ihrem Resorptionsverhalten einer Dosis von 45 mg Zink in Form von Zinksulfat. Um 45 mg Zink in Form von Zinksulfat zuzuführen, ist die Einahme von 200 mg Zinksulfat erforderlich. Bei Einnahme von anorganischen Zinkformen (Zinksulfat und Zinkacetat) in hohen Dosen wurde über Unverträglichkeiten im Gastrointestinaltrakt und Erosionen der Magenschleimhäute als Nebenwirkung der Therapie berichtet (23;37). Samman & Roberts (1987) (62) berichteten über das Auftreten von Übelkeit, Magenkrämpfen, Durchfall und Kopfschmerzen bei 84% gesunder weiblicher Probanden, die sechs Wochen täglich jeweils 150 mg Zinkäquivalente in Form von Zinksulfat eingenommen hatten. Bei einer Reduktion der Zinkzufuhr durch Verabreichung des besser bioverfügbaren Zink-Histidins sind diese Nebenwirkungen nicht zu erwarten.

Tagesdosis

Die allgemeine Zufuhrempfehlung der WHO und der Gesellschaft für Ernährungsmedizin und Diätetik e.V. beträgt 12-15 mg Zink pro Tag für Erwachsene, und 25 mg in Schwangerschaft und Stillzeit. Bis vor kurzem wurde die gleiche Empfehlung auch von der Deutschen Gesellschaft für Ernährung e.V. (DGE) ausgesprochen, die jedoch entgegen den Empfehlungen der WHO sowie der US-amerikanischen Behörden ihre Dosisempfehlung auf 10 mg pro Tag abgesenkt hat. Zu berücksichtigen ist, dass diese Empfehlungen im Prinzip nur für gesunde Menschen gelten – Erkrankungen oder besondere Situationen können teilweise eine deutlich höhere Dosis erfordern. Dies unterscheidet auch die zugelassenen Arzneimittel von einfachen Nahrungsergänzungsmitteln: Nahrungsergänzungsmittel dienen dazu, gesunde Menschen mit dem zu versorgen, was dem üblichen Tagesbedarf entspricht. Die in der Apotheke erhältlichen Präparate sind dagegen spezifisch für die Behandlung von Zinkmangelbeschwerden zugelassen. Sie unterliegen höheren Qualitäts-, Verträglichkeits- und Wirksamkeitsanforderungen und können in der verordneten Tagesdosis auch von den Empfehlungen der DGE abweichen. Die Mehrzahl der Zink-Arzneimittel in der Apotheke enthält eine Wirkstoffmenge, die umgerechnet die Dosis von 12-15 mg pro Kapsel oder

Tablette enthält. Zum Beispiel entsprechen 94 mg Zink-Histidin oder 41,4 mg Zinksulfat pro Kapsel exakt 15 mg reinem Zink.

Fazit

Zinkmangel ist weiter verbreitet, als bisher angenommen. Bei vielen Erkrankungen oder Situationen, deren Zusammenhang mit der Zinkversorgung nicht unmittelbar erkennbar ist, kann eine zusätzliche Zinkgabe dazu beitragen, bestehende Beschwerden zu lindern oder deren Entstehung zu vermeiden. Risikogruppen, die auch dann von einer Zinkgabe profitieren, wenn ein Zinkmangel nicht explizit diagnostiziert wurde, sind z.B.

- Diabetiker
- Schwangere und stillende Frauen
- Patienten mit entzündlichen Erkrankungen
- Allergiker
- Sportler.

Diabetiker profitieren von der täglichen Einnahme von 15 bis 30 Milligramm Zink in Verbindung mit 200 bis 400 Mikrogramm Chrom. Diabetiker haben eine 2 bis 3fach gesteigerte Zinkurie. Für den therapeutischen Einsatz sollten gut verträgliche und nach AMG zugelassene Zink-Arzneimittel zum Einsatz kommen. Komplexe aus Zink mit Aminosäuren zeichnen sich dabei durch eine gute Verträglichkeit und Bioverfügbarkeit aus. Eine zeitgemäße Therapieform mit pharmakologischem Doppelnutzen stellt die Verbindung aus Zink und der essentiellen Aminosäure Histidin dar. Zu den vielfältigen Effekten des Spurenelementes gesellen sich in diesem Komplex ausgeprägt antioxidative Eigenschaften, die Zink-Histidin in der Supplementation von Patienten mit entzündlichen und allergischen Erkrankungen als besonders geeignet erscheinen lassen.

Sven-David Müller, M.Sc, Diätassistent und Diabetesberater DDG, Haddamshäuser Weg 4a, 35096 Weimar an der Lahn, www.svendavidmueller.de, diaetmueller@web.de

Literatur

[1]   Abdulla M. How adequate is plasma zinc as an indicator of zinc status? Prog Clin Biol Res 1983; 129:171-183.

[2]   Abu-Hamdan DK, Migdal SD, Whitehouse R, Rabbani P, Prasad AS, McDonald FD. Renal handling of zinc: effect of cystein infusion. Am J Physiol 1981; 241:F487-F494.

[3]   Aiken SP, Horn NM, Saunders NR. Effects of amino acids on zinc transport in rat erythrocytes. J Physiol 1992; 445:69-80.

[4]   Al-Nakib W, Higgins PG, Barrow I, Batstone G, Tyrrell DAJ. Prophylaxis and treatment of rhinovirus colds with zinc gluconate lozenges. J Antimicrob Chemother 1987; 20(6):893-901.

[5]   Andermann G, Dietz M. The bioavailability and pharmacokinetics of three zinc salts: zinc pantothenate, zinc sulfate and zinc orotate. Eur J Drug Metab Pharmacokinet 1982; 7(3):233-239.

[6]   Anonym. Monographie: Orotsäure. Bundesanz vom 10 Juni 1989; 106.

[7]   Anonym. Problem Zinkmangel durch BSE-Krise in Deutschland. Gourmed 2001; 17(1):58-60.

[8]   Barrie SA, Wright JV, Pizzorno JE, Kutter E, Barron PC. Comparative absorption of zinc picolinate, zinc citrate and zinc gluconate in humans. Agents Actions 1987; 21(1-2):223-228.

[9]   Bilgic H, Gurbuz L, Misirligil Z. Serum zinc levels, detection of house dust allergy by basophil degranulation test and inhibition of basophil degranulation test with in vitro zinc sulphate, in patients with allergic bronchial asthma. Doga Bilim Dergisi 1985; 9(2):153-158.

[10]   Bor NM, Oner G, Sezer V, Ozkaragoz K. Zinc and copper deficiency in patients with allergic diseases and treatment with zinc sulfate. Preliminary report. New Istanbul Contribution to Clinical Science 1980; 13(1):58-59.

[11]   Brown DD, Kies MW. The mammalian metabolism of L-histidine. I. The enzymatic formation of L-hydrantoin-5-propionic acid. J Biol Chem 1959; 234(12):3182-3187.

[12]   Brown DD, Silva OL, McDonald PB, Snyder SH, Kies MW. The mammalian metabolism of L-histidine. III. The urinary metabolites of L-histidine-C^{14} in the monkey, human and rat. J Biol Chem 1960; 235(1):154-159.

[13]   Brown DD, Silva OL, McDonald PB, Snyder SH, Kies MW. The mammalian metabolism of L-histidine. III. The urinary metabolites of L-histidine-C^{14} in the monkey, human and rat. J Biol Chem 1960; 235(1):154-159.

[14]   Buxani-Rice S, Ueda F, Bradbury MW. Transport of zinc-65 at the blood-brain barrier during short cerebrovascular perfusion in the rat: its enhancement by histidine. J Neurochem 1994; 62(2):665-672.

[15]   Cousins RJ. Zinc. In: Ziegler EE, Filer LJJr, editors. Present Knowledge in Nutrition. Washington, DC: ILSI-Press, 1996: 293-306.

[16]   Coyle P, Philcox JC, Rofe AM. Zinc in man. Clin Biochemist Rev 1998; 19:107-117.

[17]   David TJ, Wells FE, Sharpe TC, Gibbs ACC. Low serum zinc in children with atopic eczema. Brit J Dermatol 1984; 111:597-601.

[18]   Davidsson L, Almgren A, Sandström B, Hurrell RF. Zinc absorption in adult humans: the effect of iron fortification. Br J Nutr 1995; 74:417-425.

[19]   Di Toro R, Galdo Capotorti G, Gialanella G, Miraglia dG, Moro R, Perrone L. Zinc and copper status of allergic children. Acta Paediatr Scand 1987; 76(4):612-617.

[20]   Duisterwinkel FJ, Wolthers BG, Koopman BJ, Muskiet FAJ, Van der Slik W. Bioavailability of orally administered zinc, using Taurizine. Pharm Weekbl [Sci Ed] 1986; 8:85-88.

[21]   El-Kholy MS, Gas Allah MA, El-Shimi S, El-Baz F, El-Tayeb H, Abdel-Hamid MS. Zinc and copper status in children with bronchial asthma and atopic dermatitis. J Egypt Public Health Assoc 1990; 65(5&6):657-668.

[22]   Endre L, Gergely A, Osvath P, Szolnoky M, Nagy J. [Incidence of food allergy and zinc deficiency in children treated for atopic dermatitis]
287. Orv Hetil 1989; 130(46):2465-2469.

[23]   Expert Group on Vitamins and Minerals. Review of Zinc. UK Department of Health Covering Note to EVM/99/18/P 1999;1-45.

[24]   Fairweather-Tait SJ, Wharf SG, Fox TE. Zinc absorption in infants fed iron-fortified weaning food. Am J Clin Nutr 1995; 62:785-789.

[25]   Favennec F, Catros A. Zinc et conjonctivites saisonnières. Allerg Immunol 1993; 25(3):119-122.

[26]   Favennec F, Catros A. Zinc et conjonctivites saisonnières. Allerg Immunol 1993; 25(3):119-122.

[27]   Fleischer Michaelsen K, Weaver L, Branca F, Robertson A. Minerals other than iron. Feeding and nutrition of infants and young children. Guidelines for the WHO European Region, with emphasis on the former Soviet countries. Kopenhagen: WHO Regional Publications, European Series, No.87, 2000: 85-100.

[28]   Freeman RM, Taylor PR. Influence of histidine administration on zinc metabolism in the rat. Am J Clin Nutr 1977; 30(4):523-527.

[29]   Gachot B, Tauc M, Morat L, Poujeol P. Zinc uptake by proximal cells isolated from rabbit kidney: effects of cysteine and histidine. Pflügers Arch 1991; 419(6):583-587.

[30]   Giroux EL, Henkin RI. Competition for zinc among serum albumin and amino acids. Biochim Biophys Acta 1972; 273(1):64-72.

[31]   Guerrier G, Bienvenu F, Graveriau D, Noiret A, Lahet C, Carron R et al. Étude du zinc sérique dans une population de consultants en allergologie infantile. Rev fr Allergol 1987; 27(1):7-11.

[32]   Guerrier G, Veysseyre C, Nourian A, Graveriau D. Inhibition in vitro par le gluconate de zinc de la dégranulation des basophiles humains sensibilisés au pollen des graminées. Rev fr Allergol 1987; 27:1-5.

[33]   Guerrier G, Veysseyre C, Nourian A, Graveriau D, Carron R. Inhibition in vitro par le gluconate de zinc de la dégranulation des basophiles humains sensibilisés au pollen des graminées. Rev fr Allergol 1987; 27:1-5.

[34]   Harraki B, Guiraud P, Rochat M-H, Faure H, Richard M-J, Fussellier M et al. Effect of taurine, L-glutamine and L-histidine addition in an amino acid glucose solution on the cellular bioavailability of zinc. Biometals 1994; 7(3):237-243.

[35]   Hauss R. Zink-Histidin bei Entzündung und Allergie. Naturheilpraxis 2001;(5):751-757.

[36]   Henderson LM, Brewer GJ, Dressman JB, Swidan SZ, DuRoss DJ, Adair CH et al. Effect of intragastric pH on the absorption of oral zinc acetate and zinc oxide in young healthy volunteers. J Parenter Enteral Nutr 1995; 19(5):393-397.

[37]   Henderson LM, Brewer GJ, Dressman JB, Swidan SZ, DuRoss DJ, Adair CH et al. Use of zinc tolerance test and 24-hour urinary zinc content to assess oral zinc absorption. J Am Coll Nutr 1996; 15(1):79-83.

[38]   Henkin RI, Patten BM, Re PK, Bronzert DA. A syndrome of acute zinc loss: cerebellar dysfunction, mental changes, anorexia, and taste and smell dysfunction. Arch Neurol 1975; 32:745-751.

[39]   Hortin AE, Oduho G, Han Y, Bechtel PJ, Baker DH. Bioavailability of zinc in ground beef. J Anim Sci 1993; 71(1):119-123.

[40]   Jackson JL, Peterson C, Lesho E. A meta-analysis of zinc salts lozenges and the common cold. ARCH INTERN MED 1997; 157(20):2373-2376.

[41]   Jackson JL, Peterson C, Lesho E. A meta-analysis of zinc salts lozenges and the common cold. ARCH INTERN MED 1997; 157(20):2373-2376.

[42]   Keyzer JJ, Oosting E, Wolthers BG, Muskiet FAJ. Zinc absorption after oral administration of zinc sulfate. Pharm Weekbl [Sci Ed] 1983; 5:252-253.

[43]   Korant BD, Kauer JE, Butterworth BE. Zinc ions inhibit replication of rhinoviruses. Nature 1974; 248:588-590.

[44]   Kruse-Jarres JD, Herr D, Vocke G, Baur B, Baur J, Waldmann D. Die Resorption von Zink und Magnesium durch den Intestinaltrakt. In: Henschel WF, editor. Die Rolle von Kalium-Magnesium-Aspartat in der operativen Medizin und Intensivtherapie: 10 Jahre Erfahrungen mit Inzolen. Stuttgart: Schattauer-Verlag, 1977: 49-59.

[45]   Lönnerdal B. Dietary factors influencing zinc absorption. J Nutr 2000; 130(Suppl.):1378S-1383S.

[46]   Macknin ML, Piedmonte M, Calendine C, Janosky J. Zinc gluconate lozenges for treating the common cold in children: A randomized controlled trial. JAMA 1998; 279(24):1962-1967.

[47]   Macknin ML, Piedmonte M, Calendine C, Janosky J. Zinc gluconate lozenges for treating the common cold in children: A randomized controlled trial. JAMA 1998; 279(24):1962-1967.

[48]   Marone G, Findlay SR, Lichtenstein LM. Modulation of histamine release from human basophils in vitro by physiological concentrations of zinc. J Pharmacol Exp Ther 1981; 217(2):292-298.

[49]   Marone G, Findlay SR, Lichtenstein LM. Modulation of histamine release from human basophils in vitro by physiological concentrations of zinc. J Pharmacol Exp Ther 1981; 217(2):292-298.

[50]   Mittmann U, Ploss O. Zinkmangel ist weit verbreitet. Beratungswissen für die pharmazeutische Praxis. PTA heute 2000; 14(11):6-14.

[51]   Mongy AK. Serum zinc in atopic eczema. Egypt Derm Ven 1989; 9:99.

[52]   Mossad SB, Macknin ML, Medendorp SV, Mason P. Zinc gluconate lozenges for treating the common cold. A randomized, double-blind, placebo-controlled study. Ann Intern Med 1996; 125(2):81-88.

[53]   Naganuma M, Ikeda M, Tomita H. Changes in soft palate taste buds of rats due to aging and zinc deficiency--scanning electron microscopic observation. Auris Nasus Larynx 1988; 15(2):117-127.

[54]   Neve J, Hanocq M, Peretz A, Abi Khalil F, Pelen F. Etude de quelques facteurs influencant la biodisponibilité du zinc dans les formes pharmaceutiques à usage oral. J Pharm Belg 1993; 48(1):5-11.

[55]   Novick SG, Godfrey JC, Godfrey NJ, Wilder HR. How does zinc modify the common cold? Clinical observations and implications regarding mechanisms of action. Med Hypotheses 1996; 46(3):295-302.

[56]   Novick SG, Godfrey JC, Godfrey NJ, Wilder HR. How does zinc modify the common cold? Clinical observations and implications regarding mechanisms of action. Med Hypotheses 1996; 46(3):295-302.

[57]   Persson J, Berg NO, Sjolund K, Stenling R. Morphologic changes in the small intestine after chronic alcohol consumption. Scand J Gastroenterol 1990; 25(2):173-184.

[58]   Persson J, Berg NO, Sjolund K, Stenling R. Morphologic changes in the small intestine after chronic alcohol consumption. Scand J Gastroenterol 1990; 25(2):173-184.

[59]   Pohit J, Saha KC, Pal B. A zinc tolerance test. Clin Chim Acta 1981; 114:279-281.

[60]   Prasad AS, Fitzgerald JT, Bao B, Beck FWJ. Duration of symptoms and plasma cytokine levels in patients with the common cold treated with zinc acetate. A randomized, double-blind, placebo-controlled trial. Ann Intern Med 2000; 133:245-252.

[61]   Prasad AS, Oberleas D. Binding of zinc to amino acids and serum proteins in vitro. J Lab Clin Med 1970; 76(3):416-425.

[62]   Samman S, Roberts DC. The effect of zinc supplements on plasma zinc and copper levels and the reported symptoms in healthy volunteers. Med J Aust 1987; 146(5):246-249.

[63]   Sandström B, Davidsson L, Cederblad A, Lönnerdal B. Oral iron, dietary ligands and zinc absorption. J Nutr 1985; 115(3):411-414.

[64]   Schopf RE. Zink-Histidin. Optimierte Substitution bei Zinkmangel. Dtsch Apoth Ztg 2000; 140(5):475-484.

[65]   Schölmerich J, Freudemann A, Köttgen E, Wietholtz H, Steiert B, Löhle E et al. Bioavailability of zinc from zinc-histidine complexes. I. Comparison with zinc sulfate in healthy men. Am J Clin Nutr 1987; 45(6):1480-1486.

[66]   Schölmerich J, Krauss E, Wietholtz H, Köttgen E, Löhle E, Gerok W. Bioavailability of zinc from zinc-histidine complexes. II. Studies on patients with liver cirrhosis and the influence of the time of application. Am J Clin Nutr 1987; 45(6):1487-1491.

[67]   Schwarz FJ, Kirchgessner M. Zum Einfluß organischer Liganden auf die Zn-Absorption in vitro. Z Tierphysiol Tierernährg Futtermittelkde 1975; 35:257-266.

[68]   Sivarama Sastry K, Visvanathan L, Ramalah A, Sarma PS. Studies on the binding of [65]Zn by equine erythrocytes in vitro. Biochem J 1960; 74:561-567.

[69]   Solomons NW. Biological availability of zinc in humans. Am J Clin Nutr 1982; 35(5):1048-1075.

[70]   Solomons NW, Jacob RA. Studies on the bioavailability of zinc in humans: effects of heme and nonheme iron on the absorption of zinc. Am J Clin Nutr 1981; 34(4):475-482.

[71]   Sonneville A, Poirier-Duchene F. [Non-specific hypersensitivity from membrane instability of target cells is based on disequilibrium of trace elements?]. Allerg Immunol (Paris) 1990; 22(1):14, 16-14, 17.

[72]   Sonneville A, Poirier-Duchene F. [Non-specific hypersensitivity from membrane instability of target cells is based on disequilibrium of trace elements?]. Allerg Immunol (Paris) 1990; 22(1):14, 16-14, 17.

[73]   Sullivan JF, Jetton MM, Burch RE. A zinc tolerance test. J Lab Clin Med 1979; 93:485-492.

[74]   Wapnir RA, Khani DE, Bayne MA, Lifshitz F. Absorption of zinc by the rat ileum: effects of histidine and other low-molecular-weight ligands. J Nutr 1983; 113(7):1346-1354.

[75]   Wapnir RA, Stiel L. Zinc intestinal absorption in rats: specificity of amino acids as ligands. J Nutr 1986; 116(11):2171-2179.

[76]   Wasserman SI. Asthma and anti-allergic drugs. Baill Clin Immunol Allergy 1988; 2(1):231-243.

[77]   Wasserman SI. Asthma and anti-allergic drugs. Baill Clin Immunol Allergy 1988; 2(1):231-243.

[78]   Wedekind KJ, Baker DH. Zinc bioavailability in feed-grade sources of zinc. J Anim Sci 1990; 68(3):684-689.

[79]   Wedekind KJ, Hortin AE, Baker DH. Methodology for assessing zinc bioavailability: efficacy estimates for zinc-methionine, zinc sulfate, and zinc oxide. J Anim Sci 1992; 70(1):178-187.

[80]   Wight PAL, Dewar WA. The histopathology of zinc deficiency in ducks. J Path 1976; 120(3):183-191.

[81]   Wight PAL, Dewar WA. The histopathology of zinc deficiency in ducks. J Path 1976; 120(3):183-191.

[82]   Wood RJ. Assessment of marginal zinc status in humans. J Nutr 2000; 130(5S Suppl):1350S-1354S.

[83]   Woodworth ME, Baldridge RC. Metabolic effects of an experimental histidinemia. Biochem Med 1970; 4:425-434.

[84]   Woodworth ME, Baldridge RC. Metabolic effects of an experimental histidinemia. Biochem Med 1970; 4:425-434.

[85]   Yunice AA, King RWJ, Kraikitpanitch S, Haygood CC, Lindeman RD. Urinary zinc excretion following infusions of zinc sulfate, cysteine, histidine, or glycine. Am J Physiol 1978; 235(1):F40-F45.

[86]   Zlotkin SH. Nutrient interactions with total parenteral nutrition: effect of histidine and cysteine intake on urinary zinc excretion. J Pediatr 1989; 114(5):859-864.